# Comment Étudier la Physique

# Comment Étudier la Physique

Jose Valladares

# Contenu

COMMENT ÉTUDIER LA PHYSIQUE

## Portée de ce livre

Ce livre est écrit pour les étudiants. Il est destiné à être utilisé comme
un guide sur la façon d'étudier la physique. Mon objectif principal est de
préparer l'étudiant sur la façon d'étudier la physique pour cette raison, j'ai
présenté des sujets dans l'ordre logique de le rendre facile pour un étudiant
à comprendre, en mettant l'accent sur les mathématiques et les mesures en
physique. Nous n'étudierons pas en détail tous les concepts de la physique.
Le type de questions dont nous allons discuter ne sont pas mentionnés
dans la plupart des manuels de physique. Les questions dont nous discuter-
ons se rapportent à votre vie personnelle, et de vous préparer à réussir dans
un cours de physique.

## Préface

Pour un étudiant en physique, il est important et nécessaire de poser des questions. Il est évident que le véritable objectif de la physique n'est pas seulement de mémoriser des concepts et des principes, mais de former votre esprit à penser clairement et logiquement. Si vous ne posez pas de questions maintenant, au début des chapitres, pour entraîner votre esprit à pratiquer des problèmes simples, plus tard, les problèmes plus difficiles ne seront pas résolus efficacement.

Vous vous souviendrez le plus des réponses à vos propres questions. Apprenez à poser les bonnes questions, et posez-vous également des questions pour mettre fin à tout doute concernant la physique.

Quelques questions que vous pouvez vous poser au sujet d'un principe ou d'un concept

- Qu'est-ce que la vitesse?
- Pourquoi est-ce ainsi?
- Quelle est l'équation?
- Qu'est-ce qu'un problème typique à ce sujet?
- Est-ce que je sais quoi en faire ? Est-ce que je comprends vraiment ?
- Pourquoi est-il important de le savoir?
- Est-ce que cela est lié à d'autres idées en physique?

       COMMENT ÉTUDIER LA PHYSIQUE

Si vous vous posez ces types de questions, et vous avez des réponses précises, alors vous allez bien faire en physique. Il est essentiel d'organiser toutes
vos pensées, et de se souvenir de vos réponses.

# CHAPITRE 1

# POURQUOI ÉTUDIER LA PHYSIQUE?

Qu'est-ce que la physique? La physique est la recherche de la vérité, une généralisation qui s'applique à toutes les sciences. En physique, nous demandons "à quelle vitesse pouvez-vous tomber?", "pourquoi allons-nous couler?", ou "qu'est-ce qui rend les matériaux s'étirer?", Si nous pouvons trouver des réponses à ces questions, nous faisons des progrès en tant qu'individus, notre psyché s'élargit pour mieux comprendre le monde qui nous entoure. D'énormes possibilités se sont ouvertes pour promouvoir le progrès de l'humanité, et tonnnn découvrir des choses utiles pour améliorer le monde dans lequel nous vivons.

La physique, c'est nous. La physique est une science fondamentale. Il entre en jeu dans le domaine de la médecine, de la biologie, de l'architecture, de la technologie, des sciences de la Terre et de l'environnement. La physique répond à de nombreuses questions sur « comment? » ou « pourquoi ? ». Pourtant, tout le monde n'a pas l'occasion d'étudier la physique à l'école ou au collège. C'est donc l'excuse d'un livre sur la façon d'étudier la physique, un étudiant peut se demander: «Puis-je obtenir une connaissance de base de la physique sans longues heures de lecture du manuel ou de longues heures dans le laboratoire?". La réponse à cette question est "Oui". Il est possible de comprendre, et d'obtenir une connaissance pratique de la physique, en diligentement, progressivement, et patiemment étudier le sujet avec soin. Je suppose aussi qu'un étudiant en sciences ne s'opposera pas à un conseil, et à quelques suggestions sur la façon d'étudier la physique.

Le but principal de ce livre est d'améliorer votre capacité à résoudre les problèmes de physique, comme l'objectif principal d'une éducation est de former les gens à réfléchir clairement à ce qu'ils veulent atteindre dans la vie. Ce livre est principalement destiné aux étudiants qui vont à l'université, qui prennent actuellement la physique élémentaire ou le cours d'ingénierie, qui savent déjà ce qu'ils veulent dans la vie, et ont une idée adéquate de trouver les meilleures méthodes d'apprentissage d'une matière; dans ce cas, leur activité principale sera d'étudier. Pourtant, il n'est pas nécessaire d'aller à l'université pour étudier la physique, ce livre peut également être un guide pour les étudiants qui n'ont pas l'occasion d'étudier la physique au collège ou à l'école.

L'exigence principale d'apprendre un matériau dans la vie est l'attitude mentale. Vous devez avoir le désir d'apprendre. La première étape de l'apprentissage est de dire "je ne sais rien", comme Socrate a dit un jour qu'il faut une grande sagesse pour accepter l'ignorance. Si vous êtes fermement convaincu que vous savez déjà tout alors vous n'aurez pas le désir d'apprendre, et ce livre fera peu de bien. Il faut être honnête avec soi-même, un étudiant est honnête avec lui-même quand il s'assied, ouvre la première page du livre, et commence à apprendre. La connaissance commence quand on accepte honnêtement que l'on ne sait pas.

Nous avons tous différentes raisons de vouloir apprendre la physique, et différentes capacités mentales pour acquérir sa définition et ses concepts. Il existe de nombreux types d'intelligence, et vous ne devriez jamais douter de votre intelligence pour apprendre la physique. Vous êtes capable d'accomplir tout ce que vous avez décidé de faire. Si vous êtes capable de dire "Je ne suis pas capable", alors pour sûr que vous n'êtes pas capable, parce que vous avez placé une limite dans votre esprit. Nous avons tous des renseignements. C'est un cadeau. C'est un cadeau que nous posons tous. Il est intégré dans notre ADN. Nous ne devons jamais mettre de limites dans notre intelligence.

Il est certain que tous les élèves n'apprennent pas efficacement de la même façon. En étudiant la physique, essayez différentes façons d'apprendre, et développez lentement un système d'étude qui vous convient parfaitement. Plus tard, vous pouvez appliquer ce système à d'autres sujets scientifiques. Honnêtement, l'apprentissage de la physique prend du travail, il est long de lire et de résoudre des problèmes de mots. Il n'y a pas de raccourcis à l'apprentissage de la physique, ce livre ne peut vous guider afin que vous puissiez travailler plus efficacement.

Suivez les suggestions couvertes dans ce livre, et il vous aidera à obtenir une meilleure note dans votre cours. C'est entièrement à vous de décider, si vous voulez consacrer la plupart de votre temps pour obtenir un A en physique, mais alors si vous faites cela, vous pouvez échouer à d'autres cours d'avoir à passer tout votre temps en physique.

　　　　COMMENT ÉTUDIER LA PHYSIQUE

Ce livre vous aidera à utiliser le temps plus efficacement. Je vais couvrir des exemples spécifiques, et un résumé des instructeurs d'idées principales que je veux que vous prêtiez une attention particulière à.

## Physique pour médecins

Les médecins de médecine, et les départements scientifiques comprennent l'importance de la physique en médecine, et ce sont l'application importante de la physique : rayons X, médecine nucléaire, balayage clinique de PET, spectroscopie de résonance magnétique, magnétoencéphalographie, ultrason focalisé de haute intensité avec MRI, traitement de radiothérapie, et MRI interventionnel. Les physiciens médicaux jouent un rôle important dans la société, par exemple le diagnostic des patients et le traitement de la maladie. Un istoaryngologiste doit comprendre le mécanisme de l'audition pour diagnostiquer et traiter ses patients.

Un ophtalmologiste doit connaître les problèmes d'optique physiologique et de vision. Un physiothérapeute doit comprendre le centre de gravité, et les principes des forces au sein du corps humain. Un physiologiste a besoin de connaître l'induction nerveuse, et les contractions nerveuses. Tous ces éléments sont dans le domaine de la physique, et des applications importantes de la physique à la médecine.

## Physique pour ingénieurs

Les ingénieurs et les scientifiques apprendront à appliquer les principes de la physique pour résoudre les problèmes et à répondre à de nombreuses autres questions. Vous rencontrerez les sujets standard de la mécanique, du son, de la lumière, de la chaleur, de l'électricité, du magnétisme, de la physique atomique et de la physique nucléaire. Vous aurez besoin de connaissances mathématiques de l'algèbre, de la géométrie et de la trigonométrie. Les ingénieurs portent un programme lourd d'études, honnêtement, il n'y aura pas assez de temps pendant que vous êtes à l'université pour tout apprendre en détail. Par conséquent, il est essentiel d'apprendre à vous apprendre, et déchiffrer tous les faits dont vous aurez besoin pour les examens.

## L'étudiant en général

La physique est la plus élémentaire des sciences. Il est généralement divisé en mouvement, force et énergie. Ces champs sont le mouvement, les fluides, la chaleur, le son, la lumière, l'électricité, la structure atomique, la physique nucléaire, l'astrophysique élémentaire

particules et le magnétisme. La physique traite du comportement des particules et de la structure de la matière. Vous n'avez pas besoin d'être un génie ou un chercheur en médecine pour pouvoir utiliser la physique dans la tâche quotidienne. Il est essentiel de comprendre les concepts de base, les principes et d'appliquer la physique dans les tâches quotidiennes de la vie.

Si vous êtes intéressé à étudier la physique pour apprendre comment tout fonctionne, des exemples tels que le fonctionnement d'un moteur électrique, ou comment fonctionne un téléphone, ou la taille d'un atome d'hydrogène, ou comment nous découvrons ces choses, alors il est nécessaire pour nous tous de connaître ces choses.

Il est de notre devoir, en tant qu'êtres intelligents, de comprendre les principes de base de la physique. Une personne qui discute de l'énergie atomique, de la gravité et du mouvement comprend que ces connaissances ne sont pas seulement pour les scientifiques et les ingénieurs. La responsabilité sur la façon de résoudre les problèmes mondiaux ne devrait pas être pour les scientifiques, et les ingénieurs, mais puisque la physique est sur nous; chaque individu joue un rôle sur les problèmes mondiaux.

## Le physicien

On peut s'attendre à ce qu'une personne qui veut devenir physicien sache ce qui suit :

1. Les concepts et principes de la physique

   Il est essentiel pour un élève de comprendre les concepts et les prin cipes avant de tenter de résoudre un problème.

2. Comment se poser des questions (méthodes de perception des problèmes)

   La physique est une question de perception. La façon dont vous percevez un problème est en créant un modèle dans votre esprit, appliquer vos connaissances à votre modèle, puis vous demander si les principes et les concepts de la physique ont un sens. Avant d'ef fectuer un calcul, il est important d'aller au cœur du problème.

3. Perception (Comment séparer les informations essentielles d'un problème)

   Un physicien développe l'intuition mentale au fil du temps en ré solvant de nombreux types de problèmes différents. Il apprend dif férentes techniques aux problèmes d'attaque. Ces techniques sont acquises en laboratoire.

4. Laboratoire

   Votre compréhension du matériel dans les conférences est améliorée en laboratoire grâce à une combinaison d'études avant d'aller en classe, de discuter du matériel avec les étudiants, et les instructeurs, et la capacité de résoudre les problèmes.

Il est évident pour un physicien d'avoir une compréhension claire des concepts et des principes de la physique. La perception et les connaissances en laboratoire sont tout aussi importantes et peuvent être acquises en pratiquant la résolution de problèmes.

Les méthodes et les techniques sont importantes, et il est essentiel de former votre pensée à travers la pratique sur des problèmes simples, il est donc important que vous compreniez, être en mesure d'appliquer divers concepts et théories discutés en classe. Les problèmes simples vont renforcer la confiance en soi, de sorte que plus tard sur les problèmes plus difficiles, et les situations peuvent être abordées plus efficacement.

## Résoudre les problèmes de physique

Résoudre autant de problèmes que vous pouvez dans les deux premiers chapitres, gardez à l'esprit que vous n'absorberez pas la pleine signification des termes après une lecture, et plusieurs lectures des chapitres, et des notes peuvent être nécessaires. Posez-vous des questions pendant la lecture, et n'ayez pas peur de poser des questions si vous avez des doutes.

# CHAPITRE 2

# DÉVELOPPER L'HABITUDE D'ÉTUDE

## Attitude mentale appropriée

Les exigences les plus importantes pour apprendre n'importe quel sujet, que ce soit les mathématiques ou la physique, est l'attitude mentale positive, et un désir moteur d'apprendre. La physique n'est pas un sujet facile, c'est la raison pour laquelle il est recommandé de maintenir une attitude positive envers le sujet. Si le cours est requis dans le cadre d'un programme de formation professionnelle, alors le cours est nécessaire. L'objectif principal de la physique est de former les gens à penser clairement, à développer la pensée organisée, et de démontrer à l'instructeur que vous pouvez comprendre la science. La physique enseigne l'ordre. Le matériel et les problèmes en physique enseignent aux élèves comment penser clairement, et la clarté de la pensée est motivée par l'ordre. Tout dans l'univers a de l'ordre. L'ordre et le désordre ne peuvent pas coexister ensemble. S'il ya un trouble dans votre esprit, la physique vous oblige à avoir l'ordre, dans un sens que pour comprendre les concepts de la physique vous oblige à avoir l'ordre dans votre esprit. L'ordre est comme le sang pour la clarté de la pensée, quand vous comprenez le matériel que vous pouvez facilement appliquer les connaissances sur le papier, et expliquer les concepts à quelqu'un d'autre avec confiance. La physique n'est pas une question d'intelligence, c'est de l'ordre. La physique devient facile pour un étudiant qui est organisé.As a student of science, physics can be learned by seeing, hearing, reading, writing, and talking. You will be in a class with other students who also want to learn physics, get interested in the subject by talking things over with fellow students, and perhaps you will develop more enthusiasm by learning physics with your friends.

Allez en classe à l'heure. Sois toi-même. Soyez vigilant. Soyez prêt à apprendre. Collaborer avec les étudiants et les instructeurs. Assurez-vous de lire le programme pour le cours et suivez l'horaire établi par votre instructeur. Si vous êtes facilement distrait s'asseoir dans la première ou la deuxième rangée, où vous ne serez pas distrait par d'autres étudiants, et vous serez obligé de faire attention. Prenez l'habitude, et planifiez toujours à l'avance chaque jour avant la conférence de faire une lecture attentive du manuel avant d'assister à votre classe. Gardez à l'esprit que peu de gens peuvent absorber le matériel scientifique après une lecture.

L'instructeur répétera le matériel que vous avez déjà couvert à l'avance, et la physique aura plus de sens. Prenez des notes prudentes, parce que l'instructeur a un plan; il veut que vous appreniez de ses notes. Posez des questions sur des idées qui nécessitaient des éclaircissements.

Étudier la physique tous les jours, vous ne pouvez pas étudier un chapitre pendant une heure, puis ne pas étudier pendant les 3 prochains jours, et s'attendre à apprendre. Il est important de créer votre propre calendrier d'études, de réserver du temps pour d'autres classes et de consacrer un certain temps à l'étude. Je recommande d'organiser un calendrier d'étude, lire ci-dessous pour les instructions, au moins une heure par jour.

Vous apprenez plus de physique en l'étudiant pendant une heure par jour qu'en l'étudiant le week-end pendant 8 heures. Il est beaucoup plus facile d'apprendre la physique au jour le jour que d'apprendre tout le chapitre en une journée. Si vous prenez plusieurs unités, il est préférable d'étudier un sujet pendant une heure, puis passer à un autre sujet après une heure. Pendant la session d'étude de plusieurs heures, faites une relaxation occasionnelle. Ne vous contentez pas de vous mettre derrière, et essayez de ne pas forcer votre esprit à apprendre la physique pendant des heures. Expérimentez pour savoir quelle méthode vous convient. Tenez-vous au travail.

Vous devriez réduire la mémorisation de la physique à un minimum. Mémoriser les passages d'un texte, les équations et l'écriture de dérivations sur papier ne signifie pas que vous comprenez la physique. Maîtriser la physique, ou n'importe quel sujet, prend du travail, et cela prend du temps. Votre compréhension du matériel est une combinaison d'expériences de laboratoire, de discussions de matériel avec un instructeur ou d'autres étudiants, et en passant sur le matériel sur une base quotidienne. En physique, il est essentiel de développer une capacité à analyser les problèmes, à penser logiquement et à faire la distinction entre les matériaux essentiels

          COMMENT ÉTUDIER LA PHYSIQUE

et non essentiels. Étudier pour comprendre le matériel, lire attentivement, et aller lentement. La physique ne peut pas être lue comme un roman, ou même pas comme une leçon d'histoire. Essayez de penser aux applications du matériel que vous lisez la physique, et pause pendant un moment pour penser comment les équations s'appliquent aux théories, ou comment les formules sont dérivées.

Pendant l'étude, gardez les soucis personnels hors de votre esprit. Si vous avez des problèmes émotionnels, obtenez de bons conseils, réfléchissez-y et essayez de ne pas forcer votre esprit à étudier pendant que vous avez des problèmes personnels. Vous ne serez pas en mesure d'apprendre, et tout ce que vous traversez sera oublié.

Il est important de prévoir votre temps. Faites un calendrier d'étude, de préférence sur une base quotidienne, et s'y tenir pendant au moins deux semaines. Dormez assez. Faites régulièrement de l'exercice physique modéré et quelques loisirs. En règle générale, laissez deux heures d'études par classe.

Trouvez-vous un endroit tranquille pour étudier, soit à la maison, ou à la bibliothèque, avec beaucoup de lumière, et l'espace de bureau. As- surez-vous que votre bureau est exempt de distractions, qui est loin des tablettes, téléphone, ou ordinateur. Évitez de répondre aux messages texte, une petite distraction va perturber votre train de pensée, et puis il n'est pas facile de revenir sur. Étudiez consciencieusement. Asseyez-vous le dos à la porte, et rejetez toutes sortes d'interruptions. Il est important que vous évitiez l'habitude de ne pas étudier pendant des jours, un conseil utile, ne pas étudier conduira à des résultats désastreux.

Prévoyez d'étudier la physique dès que possible, alors que vous vous sou- venez encore des choses qui seront probablement oubliées le lendemain. Vous serez en mesure de résoudre les problèmes après la classe alors que votre esprit est encore frais nécessitant moins de concentration. Une période de relaxation occasionnelle de 15 minutes est souvent une aide ou obtenir quelque chose à manger avant d'étudier peut aider. Vous ne serez pas beaucoup fait si votre force vous-même à étudier avec un estomac vide.

Lorsque vous terminez un chapitre, essayez de résoudre des problèmes de nombre impair, et les réponses sont données à la fin du manuel. Le but de résoudre les problèmes est de tester vos compétences de résolution de problèmes que vous lisez à travers le manuel. Après avoir fini de résoudre des problèmes, pensez un instant à ce que vous avez appris, et pensez aux idées principales. Écrivez des idées principales ou dites-les dans votre esprit; tenir un registre de vos pensées. Le jour de l'examen, votre instructeur pourrait vous demander d'écrire les principes dans vos propres mots.

Posez-vous des questions pour tester vos connaissances. Vous apprendrez plus efficacement lorsque vous mettez vos connaissances à l'épreuve, en vous demandant ce que vous apprenez. Essayez d'expliquer à un ami ce que vous apprenez à savoir si vous pouvez répondre aux questions, si vous avez des doutes, alors son temps de faire une deuxième lecture du matériel.

Vous découvrirez que les questions de physique ont des réponses simples oui ou non, et la façon de vous poser des questions est en analysant le matériel, ou jusqu'à ce que tous vos doutes ont été répondus.

Quelques questions que vous pouvez vous poser lorsque vous avez étudié la loi gravitationnelle de Newton et les trois lois de Newton de mouvement:

- Est-ce qu'un objet lourd comme une roche tombe en même temps de la même hauteur qu'un objet léger (plume)?

- La vitesse d'observation d'un objet en mouvement dépend-elle de la vitesse de l'observateur?

- Existe-t-il ou non une particule?

Vous trouverez quelques réponses ne se révèlent pas comme vous vous y attendez d'abord. En physique, il est important de toujours vous poser des questions, si vous ne pouvez pas trouver des réponses à vos questions contactez votre instructeur pour obtenir de l'aide.


## Calendrier d'étude

Il est important de mettre en place un calendrier d'étude, si vous travaillez à temps plein, et d'étudier la physique. Assurez-vous de lire le programme pour le cours avant le semestre, et commencer à planifier sur un calendrier d'étude quotidienne. Apprenez à budgétiser votre temps.  Une idée que je recommande d'écrire sur l'horaire de l'étude est de faire une sieste quotidienne. Faire une sieste avant la physique vous aidera à mieux faire attention, et améliorer votre mémoire. S'il n'est pas possible de faire une sieste avant la physique au moins prendre un avant d'étudier pour la physique.

En moyenne par semaine, vous aurez 48 heures pour étudier. La plupart du temps sera perdu faire des courses, répondre à des messages texte, lire les nouvelles, et regarder des émissions. C'est entièrement à vous de décider si vous voulez faire bon usage de votre temps. Il est important de ne pas prendre de retard, et d'être toujours au top des choses. Tout en étudiant la physique, vous pouvez être perdu rêverie, comme il arrive aux étudiants en physique qui tentent de trouver des solutions à des problèmes difficiles. Si vous avez réfléchi dur, et ne peut pas obtenir les réponses, prendre une pause de 10 à 15 minutes.

Afin de vous aider à gagner du temps, je vais énumérer les constantes, et les facteurs de conversion. Je vais poster cette information utile sur le dos du livre.

# CHAPITRE 3

# COMMENT PRENDRE DES NOTES

Nous savons tous prendre des notes. Nous savons que nous écrivons normalement des idées importantes, ou des informations que nous pensons que nous pourrions oublier au fil du temps. Prendre des notes dans la conférence de physique est tout à fait différent que de prendre de bonnes notes dans l'histoire, ou en classe d'anglais. Une différence principale est que la plupart des cours d'histoire ou d'anglais sont les représentations de matériaux historiques ou d'idées fictives. Un étudiant en histoire prend de bonnes notes pour mémoriser le matériel. En physique, vous devriez réduire la mémorisation du matériau à un minimum. Alors que, en physique, les conférences sont avant tout l'explication des principes, ou des concepts. Ces principes sont illustrés par des démonstrations et des exemples. Un instructeur notera une formule sur le tableau et démontrera comment la formule s'applique à un diagramme sur le tableau. Assurez-vous de dessiner le diagramme, n'omet pas de symboles ou de flèches, car ces flèches représentent normalement des vecteurs ou des forces agissant sur des objets. Si vous avez lu le chapitre de la veille ne supposez pas que vous connaissez déjà le matériel, et supposez ce que l'instructeur montrera que vous serez inutile, il ne fait jamais mal de répéter le matériel dans votre esprit.

Les mêmes concepts et principes expliqués dans le chapitre de l'instructeur les expliqueront également dans ses propres mots. La principale chose à faire tout en prenant des notes est d'écrire l'explication. Vous comprendrez réellement les explications mieux si vous passez une partie de votre temps à étudier avant le cours.

Pour la plupart des conférenciers, l'instructeur présentera deux à quatre pages de notes par jour. Certains élèves n'écriront rien sur papier, sauf des diagrammes, tandis que d'autres prennent autant de notes que possible pour maximiser leur expérience d'apprentissage.

Si l'instructeur continue trop vite, demandez-lui de ralentir, n'ayez pas peur de demander; vous pouvez demander à répéter le problème ou à clarifier un concept.

Les phycologues affirment que le processus d'écriture de notes sur papier contribue au processus d'apprentissage, en plus de l'explication verbale vous aide à vous concentrer et à mieux vous souvenir du matériel. Après la classe discuter de la leçon avec un autre étudiant, ou faire une déclaration concernant la leçon à votre instructeur pour obtenir plus de connaissances de perspicacité. Les instructeurs de physique sont toujours disposés et prêts à donner des informations de perspicacité. Le but principal de prendre de bonnes notes est de vous aider à comprendre le matériel, et un double but d'être une aide à l'apprentissage physiquement avant un examen ou un quiz.

La nuit avant d'aller dormir parcourir vos notes, comme un moyen de revoir votre journée, et vous aider à vous rappeler comment appliquer des formules.

# CHAPITRE 4

# MATHÉMATIQUES EN PHYSIQUE

La physique n'est pas un sujet facile, la raison pour laquelle n'est pas facile, ce n'est pas la physique elle-même, parfois ce sont les mathématiques utilisées qui est la source de la difficulté. Un étudiant peut imaginer que la physique est un sujet difficile quand en fait peut être son fond mathématique qui a été oublié ou trop rouillé pour être utile. Si vous êtes inquiet ou préoccupation, alors vous devez passer en revue les techniques mathématiques simples, y compris l'algèbre, la géométrie, et la trigonométrie. Vous trouverez cette section utile pour examiner les anciens sujets ou en apprendre de nouveaux. Ces sections en mathématiques sont destinées à un bref examen des opérations et des méthodes. J'ai inclus des problèmes de pratique comme un moyen de rafraîchir vos capacités à résoudre des problèmes mathématiques.

## Opérations élémentaires

Je suppose que vous savez ajouter, soustraire, multiplier et diviser. Quelques opérations longues, comme les divisions, et les multiplications, je vous recommande d'utiliser une calculatrice.

## Exposants

La notation $x^n$, x est une quantité se multipliant fois le nombre de n. Par exemple, $x^2 = x \cdot x$, et $x^3 = x \cdot x \cdot x$. La quantité n est appelée l'exposant, ou la puissance de x (la base). Quelques règles qui vous aideront à simplifier

Lorsque deux pouvoirs de x sont multipliés, les représentants sont ajoutés:

$$(x^m)(x^n) = x^{(m+n)}$$

Quand $n=0$ le pouvoir est défini comme étant 1

$$x^0 = 1$$

Lorsque deux pouvoirs sont divisés

$$\frac{x^n}{x^m} = x^n x^{-m} = x^{n-m}$$ ;les représentants sont soustraits

Quand un pouvoir est porté à un autre pouvoir,

$$(x^n)^m = x^{nm}$$ ;les représentants sont multipliés

Problèmes de pratique:

$$x^6 x^0 =$$

$$\frac{x^9}{x^{1/3}} =$$

## Notation scientifique

En physique ou en science en général, de nombreuses quantités sont souvent de très grandes ou de très petites valeurs.
Par exemple, la vitesse de la lumière est de 300 000 000 m/s. Pour éviter ce problème, les élèves devraient utiliser le pouvoir de 10.

$$10^0 = 1$$
$$10^1 = 10$$
$$10^2 = 10 \times 10 = 100$$
$$10^3 = 10 \times 10 \times 10 = 1000$$
$$10^4 = 10 \times 10 \times 10 \times 10 = 10,000$$
$$10^5 = 10 \times 10 \times 10 \times 10 \times 10 = 100,000$$

Le nombre de zéros représente à la puissance à laquelle 10 est élevé. C'est ce qu'on appelle l'exposant de 10. Par exemple, la vitesse de la lumière peut maintenant être exprimé comme:

$$3 \times 10^8 \text{ m/s}$$

Dans la méthode suivante, le nombre de places que le point décimal est placé est égal au chiffre exponentiel.

$$10^{-1} = \frac{1}{10} = 0.1$$

$$10^{-2} = \frac{1}{10 \times 10} = 0.01$$

$$10^{-3} = \frac{1}{10 \times 10 \times 10} = 0.001$$

$$10^{-4} = \frac{1}{10 \times 10 \times 10 \times 10} = 0.0001$$

$$10^{-5} = \frac{1}{10 \times 10 \times 10 \times 10 \times 10} = 0.00001$$

Par exemple 0.0000332 est 3.32 x $10^{-5}$, le point décimal est placé à gauche qui est égal à la valeur de l'exposant négatif.

La règle générale suivante est utile :

$$10^{n} \times 10^{m} = 10^{n+m}$$

Lors de la division des nombres exprimés dans la notation scientifique:

$$\frac{10^{n}}{10^{m}} = 10^{n} \times 10^{m} = 10^{n-m}$$

## Algèbre de base

Les lois de l'arithmétique s'appliquent lorsque des opérations d'algèbre de base sont exécutées. Les symboles, tels que x, y et z, sont utilisés pour représenter des quantités qui ne sont pas connues.

Considérez ce qui suit :

$8x = 32$
Résoudre pour x,

$x = 4$ ; nous obtenons la réponse en divisant les deux côtés par 8

Ensuite, considérez l'équation

$x+2=8$

Nous soustrayons 2 de chaque côté

$x+2-2=8-2$

$x=6$

En général,  $x + a=b$, ensuite $x = b - a$

Considérez la prochaine équation

$$\frac{x}{5} = 9$$

Si nous multiplions chaque côté par 5, nous nous retrouvons avec x

$$\frac{x}{5}(5) = 9 \cdot 5$$

$x = 45$

Tous ces cas, quelle que soit l'opération que nous avons effectuée sur le côté gauche doit également être effectuée sur le côté droit.

Les règles suivantes s'appliquent :

Multiplier: $\dfrac{a}{b} x \dfrac{c}{d} = \dfrac{ac}{bd}$      Diviser: $\dfrac{(a/b)}{(c/d)} = \dfrac{ad}{bc}$

Ajouter:   $\dfrac{a}{b} \pm \dfrac{c}{d} = \dfrac{ad \pm bc}{bd}$

Problèmes de pratique:

résoudre pour x:

1. $a = \dfrac{1}{1+x}$

2. $4x-5=15$

3. $\dfrac{5}{2x+3} = \dfrac{4}{3x+1}$

## Affacturage

Formules utiles pour l'affacturage d'une équation:

$$ax+ay+az=a(x+y+z)$$   facteur commun

$$a^2+2ab+b^2=(a+b)^2$$   carré parfait

$$a^2-b^2=(a+b)(a-b)$$   différences de carrés

## Équations linéaires

Une équation linéaire est une équation de la forme

$$y=mx+b$$

Où m et b sont des constantes. Une telle équation est dite linéaire parce que si nous graphons cette équation, le graphique de y contre x sera une ligne droite. Le b constant, appelé l'interception y, est la valeur de y à x-0, représente la valeur à y à laquelle la ligne droite intercepte l'axe y.

Le m constant est la pente de la ligne, et est également égal à la tangente de l'angle correspondant au changement en x. La pente de la ligne droite peut s'exprimer

$$slope = \frac{y_2 - y_1}{x_2 - x_1} = \frac{\Delta y}{\Delta x} = \tan\theta$$

Notez que si m < 0, la ligne droite a un slovène négatif, et à m > 0 a une pente positif.

Il n'y a pas de valeurs uniques de x et y, si x et y sont tous deux inconnus dans l'équation.

Problèmes de pratique:

1. xy = 4 est une équation linéaire, est-ce vrai ou faux?

2. Dessiner le graphique de la ligne droite suivante

$$y = 4x + 3$$

## Équations quadratiques

Quand une équation quadratique ne peut pas être résolue par l'affacturage, alors nous utilisons une formule quadratique.

La forme générale d'une équation quadratique est:

$$ax^2 + bx + c = 0$$

x est l'inconnu, a, b, c sont appelés coefficients numériques de la Équation.

L'équation a deux racines, données par

$$x = \frac{-b \pm \sqrt{b^2 - 4ac}}{2a}$$

Si $b^2 \geq 4ac$ , alors la racine est sont nombre réel

Problèmes de pratique :

1. $x^2 + 3x - 1 = 0$
2. $2x^2 + 4x - 9 = 0$
3. $2x^2 + 5x - 2 = 0$

## Logarithmes

$$x = a^y$$

Si x est lié à y, alors le nombre a est appelé le numéro de base, alors le nombre y est le logarithm de x à la base a. ainsi,

$$x = \log_a y$$

Logarithms sont des représentants, énumérés ci-dessous sont quelques règles qui vous aideront à simplifier les termes.

si $y_1 = a^n$, et $y_2 = a^m$, pues

$$y_1 y_2 = a^n a^m = a^{n+m}$$

Correspondre à

$$\log_a y_1 y_2 = \log_a a^{n+m} = n + m = \log_a a^n + \log_a a^m = \log_a y_1 + \log_a y_2$$

$$\log_a y^n = n \log_a y$$

Les deux bases les plus souvent utilisées sont la base 10 appelée loga-rightsm commun, et les logarithmes à la base e (où e-2.718...) base de logarithm naturel.

$$y = \log_{10} x$$

lorsque les logarithmes naturels sont utilisés

$$y = \ln_e x$$

certaines propriétés utiles des logarithmes sont

$$\log(ab) = \log a + \log b$$

$$\log(a/b) = \log a - \log b$$

$$\log(a^n) = n \log a$$

$$\ln e = 1$$

$$\ln e^a = a$$

$$\ln(\frac{1}{a}) = -\ln a$$

## Géométrie

En physique, les outils analytiques de base sont des figures géométriques. Les cercles et les sphères sont essentiels pour comprendre l'élan angulaire et les densités de probabilité de la mécanique quantique. Le rapport de la circonférence d'un cercle à son diamètre d est $\pi$, dont la valeur est de 3,141592

$$A = \pi r^2 \qquad\qquad C = \pi d = 2\pi r$$

Cercle:

aire d'un cercle          circonférence d'un cercle

**Parallélogramme:**

L'aire d'un parallélogramme est la base b multipliée par la hauteur h.

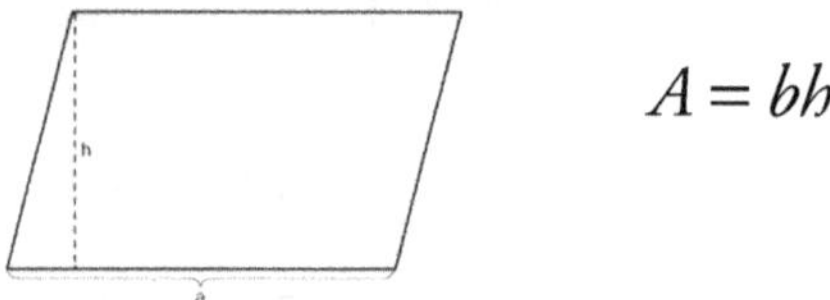

$$A = bh$$

**Sphère:**

Une sphère de rayon r a une surface donnée par

$$A = 4\pi r^2$$

surface de la sphère

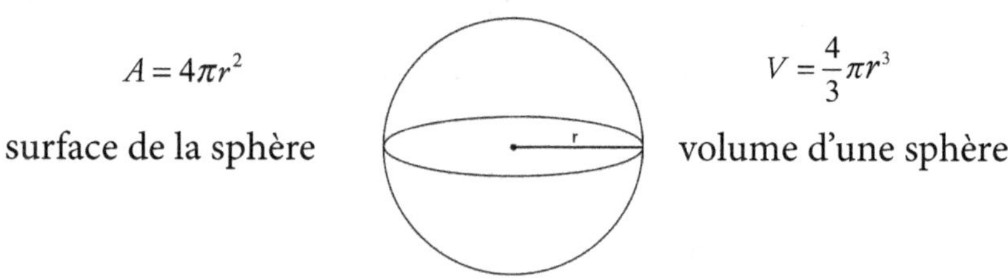

$$V = \frac{4}{3}\pi r^3$$

volume d'une sphère

**Cylindre:**

Un cylindre de rayon r et de longueur h a une surface sont de

$$A = 2\pi rh$$

surface du cylindre

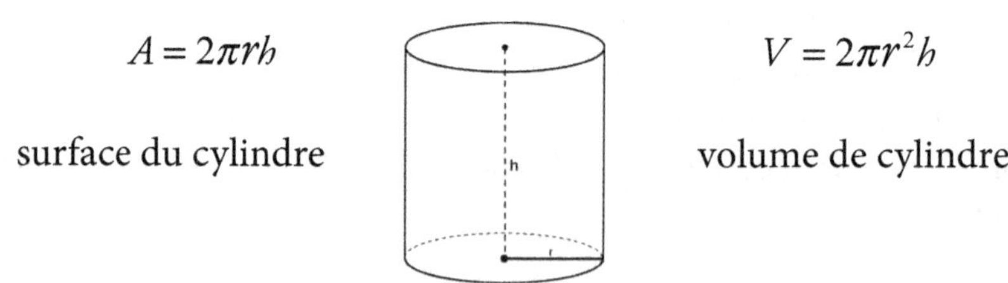

$$V = 2\pi r^2 h$$

volume de cylindre

**Problèmes de pratique:**

1. Quelle est l'aire d'un cylindre dont le rayon est ¼ sa longueur?
2. Quel est le volume d'une sphère et d'un cylindre si le rayon est de 4,5?
3. Calculez l'aire d'un cylindre, r = 2,5 et h = 7

# Trigonométrie

En physique, nous étudierons les vecteurs et analyserons le mouvement en deux dimensions. Les fonctions trigonométriques sont également essentielles pour analyser le comportement des périodes, les mouvements circulaires et la mécanique des vagues.

Triangle:

Par définition, un triangle droit est celui contenant à 90 degrés d'angle. Les trois fonctions trigonométriques de base sont définies par un triangle, comme le péché, le cos et les fonctions tangentes. En termes d'angle, ces fuctions sont définies par

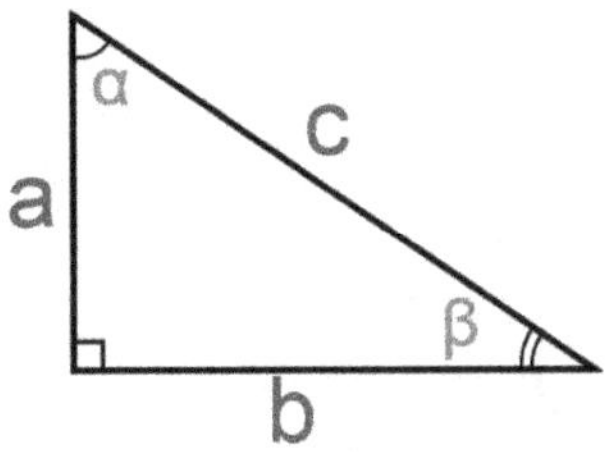


$$\sin \beta = \frac{a}{c}$$

$$\cos \beta = \frac{b}{c}$$

$$\tan \beta = \frac{a}{b}$$

Le théorème pythagore fournit une relation entre les côtés d'un triangle droit:

$$c^2 = a^2 + b^2$$

il s'ensuit que

$$\sin^2 \beta + \cos^2 \beta = 1$$

$$\tan \beta = \frac{\sin \beta}{\cos \beta}$$

Les fonctions cosecantes, sétaires et cotangent sont définies par

$$\csc \beta = \frac{1}{\sin \beta}$$

$$\sec \beta = \frac{1}{\cos \beta}$$

$$\cot \beta = \frac{1}{\tan \beta}$$

Problèmes de pratique

1. Si a=3, b=4, c=5 du triangle trouver (a) cos  (b) sin  (c) tan
2. Si a=5, b=4, puis utiliser la théorie pythagore trouver c
3. Du problème 1 trouver (a) csc (b) sec (c) cot

# CHAPITRE 5

# PHYSIQUE ET MESURES

La physique est basée sur des observations expérimentales et des mesures quantitatives. Les lois de la physique s'expriment en termes de quantités physiques qui nécessitent une définition claire. Les grandeurs physiques sont des nombres qui sont obtenus en mesurant le monde physique; les grandeurs physiques sont la force, la vitesse, le volume et l'accélération qui peuvent être décrits en termes de mesures.

Par exemple, la longueur de ce livre est une quantité physique, tout comme le temps qu'il faut pour vous de lire cette section, et la température de l'air dans votre chambre.

Une mesure de toute quantité physique consiste à attribuer cette quantité à une unité standard définie. En mécanique, les trois quantités de base sont la longueur (L), la masse (M) et le temps(T). Les résultats dans chaque problème de physique doivent être rapportés dans les unités. Par exemple, pour mesurer la distance entre deux points, nous avons besoin d'une unité de distance standard, comme un pouce, un mètre ou un kilomètre. Si le résultat d'un problème est de 15 mètres, cela signifie qu'il est 15 fois la longueur du compteur unitaire. Si vous écrivez le résultat à 15 ans, il n'a aucun sens, votre professeur peut supposer que la réponse est en secondes, livres ou pieds. Vous pouvez vous demander "pourquoi est-il nécessaire de savoir cela?". En physique, de nombreuses quantités que vous étudierez sont : vitesse, force, élan, travail, énergie et puissance qui peuvent s'exprimer en termes de temps, de longueur et de masse.In 1960, an international committee established a set of standards for the scientific community called SI(French Systeme international).

Il y a sept quantités de base dans le système SI.

Longueur
Masse
Temps

Courant électrique
Thermodynamique
Température
Une quantité de substance
Intensité lumineuse

Je définirai la longueur, la masse et le temps de trois unités SI de base.
Plus tard, lorsque vous étudierez la thermodynamique et l'électricité, vous
devrez connaître les autres unités SI de base.

Longueur:

Le mètre (m) est l'unité SI de longueur.

En 1960, la longueur du mètre était définie comme la distance entre deux
lignes sur une barre de platine-iridium spécifique stockée dans des con-
ditions contrôlées. Jusqu'à récemment, le compteur était défini comme 1
650 765 733 longueurs d'onde de lumière orange-rouge émises par une
lampe au krypton-86. Cependant, la dernière définition, le compteur est
déterminé en utilisant la vitesse de la lumière à travers l'espace vide, qui
est définie exactement 299 792 458 m / s. Le compteur est alors, la distance parcourue par la lumière à travers le vide pendant un temps de 1 /
299,792,458 seconde.

Dans le système d'ingénierie britannique, l'unité de longueur est le pied
(ft). Le système d'unités SI est universellement accepté dans la science et
l'industrie. Assurez-vous de faire la différence entre les deux systèmes lorsque vous résolvez des problèmes de physique.
Mass:

L'unité de base si de masse, le kilogramme(kg).

Le kilogramme est maintenant défini comme la masse d'un cylindre
spécifique d'alliage de platine-iridium. Une autre unité, qui est un système
coutumier des États-Unis, de la force (force de livre) plutôt que de la masse
est considérée comme une unité de base.

Temps:

L'unité de base si du temps, la seconde, est définie comme des périodes du rayonnement d'un atome de césium-133 exactement comme 9 192 631 770 cycles par seconde.

L'unité du temps, deuxième(s), a été définie en termes de rotation de la terre. La journée solaire moyenne est égale à (1/60)(1/60)(1/24). Actuellement, le second est maintenant défini en fonction de la fréquence d'un type particulier d'atome de césium

## Conversion d'unités

Étant donné que différents systèmes d'unités sont utilisés, il est parfois nécessaire de convertir des unités d'un système à un autre. Les unités de longueur sont les suivantes :

1 mille 1609 m à 1,609 km

1 pi 0,3048 cm et 30,48 cm

1 m à 39,37 pouces et 3,281 pieds

1 po . 0,0254m - 2,54 cm

Apprenez à convertir entre le système d'unité SI et le système d'unité d'ingénierie britannique. Vous gagnerez du temps si vous maîtrisez cela avant de sauter pour résoudre les problèmes.

Par exemple, supposons que nous souhaitions convertir 10 pouces en centimètres.

Nous savons 1 pouce et 2,54 cm.

Nous constatons que

10 po . 10 po ( 2,54 cm / 1 po)

10 pouces équivaut à 38,1 centimètres.



COMMENT ÉTUDIER LA PHYSIQUE

# CHAPITRE 6

# COMMENT TRAVAILLER LES PROBLÈMES DE PHYSIQUE

## La théorie des problèmes.

Chaque problème de mot a trois composants, et un résolveur de problèmes doit disséquer le problème, reconnaître ces trois composants, trouver quelles informations n'est pas pertinente ou pertinente, et fournir une solution.

Les trois composantes sont des informations concernant les expressions données, les expressions de fonctionnement et les expressions de but. Un résolveur de problèmes définit chaque expression en fonction du matériel qu'il a appris dans le chapitre. En général, un étudiant peut connaître toutes les formules, définitions, etc., mais il peut ne pas savoir comment associer une définition au problème, et peut ne pas savoir comment différencier ce qui est pertinent et l'information non pertinente. Cependant, dans certains cas, le problème sera évident qu'un problème particulier peut demander une opération mathématique.

### Expression donnée:

L'information qui est clairement énoncée dans le problème est donnée. Il peut s'agir d'un nombre constant, d'une équation mathématique ou peut être un principe. Ce sont les valeurs connues explicitement énoncées dans le problème. Par exemple, la masse d'un objet est de 4 kg, la vitesse initiale est nulle, la force et la masse sont constantes, etc.
Réduisez le problème à ses éléments essentiels, énumérez les quantités connues et les quantités requises. Dessiner et étiqueter un diagramme si possible.

Posez-vous cette question:

Les renseignements donnés sont-ils pertinents ou non pertinents pour le problème?

## Expression de l'opération:

Une expression d'opération sont les mesures prises pour trouver l'inconnu, et les principes liés à un problème sont identifiés. Les valeurs connues peuvent vous donner une idée de la formule à utiliser pour résoudre un problème.

Les expressions de fonctionnement sont des étapes pour trouver tout ce dont vous avez besoin avant d'effectuer un calcul sur un problème. Le processus de réflexion se fait à ce stade. Analyser le problème, y penser et convertir les unités si vous le pouvez.

Un résolveur de problèmes doit se poser ces questions dans une opération.

- Quelles sont les valeurs connues et inconnues?
- Quels concepts et principes sont impliqués?
- Comment les valeurs connues se rapportent-elles à une formule (équation)?

## Expressions de but:

Les expressions d'objectif sont les dernières mesures prises pour résoudre un problème. Le but du problème. À ce stade, vous voulez savoir quel est le problème demandé.

Lisez attentivement la question du problème et effectuez des calculs. Résoudre l'algébrique autant que possible, et compléter la solution numérique.

Questions à vous poser:

- Quel est l'objectif du problème?

- Dois-je faire un calcul ou expliquer un principe?

- Quel est le problème que vous demandez de résoudre?

- Les unités correspondent-elles ?

- La réponse est-elle raisonnable?

Vous devriez prêter une attention particulière aux problèmes de physique et ne doit pas être découragé si vous ne comprenez pas parfaitement les concepts. Si vous ne comprenez pas un problème, demandez un conseil à votre ami de classe ou communiquez avec votre instructeur.


## Problèmes de physique

1. Vous décidez d'aller à un long voyage. Vous conduisez pendant une heure à cinq miles à l'heure. Puis deux heures à quatre miles à l'heure, puis trois à sept miles à l'heure. Combien de kilomètres avez-vous conduit?

Donné:  Une heure à 5 mi/h
        Deux heures à 4 mi/h
        Trois heures à 7 mi/h

Le problème, c'est de demander de la distance. Pour obtenir la réponse que nous utilisons équation:

$$v = \frac{x}{t} \qquad x = vt$$

x - distance

t - time

v - speed

Pendant que vous conduisez les changements de vitesse, nous devons donc diviser le voyage en trois sections.

Opération:

$$X_1 = 1 \times 5 = 5 \text{ miles}$$

$$X_2 = 2 \times 4 = 8 \text{ miles}$$

$$X_3 = 3 \times 7 = 21 \text{ miles}$$

$$X_{total} = X_1 + X_2 + X_3$$

$$X_{total} = 5 + 8 + 21 = 34 \text{ miles}$$

Objectif: vous avez parcouru 34 milles au total

2. Visualiser le problème

> Une pierre est jetée du haut d'un bâtiment tout droit vers le haut,
> car elle atteint la hauteur maximale de sa vitesse est nulle à un in
> stant d'une seconde.
> Quelle est son accélération à ce stade?

Dans ce type de problème, il n'y a rien à calculer. Je veux que vous visuali-
sez le problème dans votre esprit.

La vitesse est nulle à un moment donné, mais change toujours de vitesse.
Le changement de vitesse ralentit pendant une seconde. Imaginez le cadre
en pierre s'arrête pendant une seconde car il atteint sa hauteur maximale.
Comme la pierre tombera certainement, elle a eu une accélération avant
d'atteindre une vitesse de zéro, et elle aura une accélération après une pause
de quelques secondes.

La deuxième loi de Newton stipule :

L'accélération d'un objet est directement proportionnelle à la force nette
agissant sur lui, et inversement proportionnelle à sa masse.

La gravité agira sur la pierre à tous les points sur son chemin, produisant
une force nette, et produisant également une accélération constante à tous
les points de son passage.

La vitesse est nulle, mais a encore un taux de changement de vitesse, dans
ce cas, c'est la force gravitationnelle. L'accélération à ce point est de 32 pi/s$^2$

3.  Problème conceptuel

Un soldat romain porte un bouclier lourd pour se protéger contre les flèches de fer. Le bouclier le protège-t-il de l'élan des flèches ou de l'énergie cinétique?

Une flèche ennemie a l'élan, et l'énergie cinétique, et quand il frappe le bouclier du soldat romain, il poussera le soldat romain en arrière un peu. Le bouclier protège le soldat romain de l'énergie cinétique, pas l'élan.

4. Stratégie de problème

How to apply Newton's second law properly on problems.

La deuxième loi de Newton stipule :

L'accélération d'un objet est directement proportionnelle à la force nette agissant sur lui, et inversement proportionnelle à sa masse. Pour le simplifier, l'accélération dépend de deux variables : la force agissant sur un objet, et la masse de l'objet.

Première étape identifier toutes les forces agissant sur l'objet. Portez une attention particulière à la direction du vecteur d'accélération d'un objet. Si vous connaissez la direction de l'accélération, une flèche vous aidera à choisir les meilleurs axes de coordonnées.

1. Dessiner un diagramme avec des étiquettes

2. Identifier chaque force agissant sur chaque objet (si plus d'un)

3. Si la direction de l'accélération est donnée, choisissez alors un axe de coordonnées parallèle à cette direction. Par exemple, si un objet glisse vers le bas, montrez un vecteur montrant la force gravitationnelle agissant sur lui, et une autre force parallèle à la surface.

4. Appliquez la deuxième loi de Newton

5. Résoudre le problème

Vérifiez les unités correctes.

## 5. Stratégie de problème

Comment résoudre le mouvement le long d'un chemin courbe problèmes.

Pour comprendre le problème, étiquetez la force comme une force de tension ou une force normale. Dessinez un diagramme de l'objet. Inclure les axes de coordonnées et afficher le point d'origine. Dessinez un axe de coordonnées dans la direction du mouvement, et le second dans la direction centripète.

Appliquer la deuxième loi de Newton sous forme de componet. Tenir compte des forces nettes agissant sur l'objet.

Si possible accélération de remplacement avec $v^2 / r$, v est la vitesse, et r est le rayon.

Supposons que l'objet se déplace dans un cercle de rayon r avec une vitesse constante, puis utiliser $2(3.14)r/T$, dans lequel T est le temps d'une révolution.

6. Vous suspendez une boule de bowling sous la surface de l'eau avec une ficelle. Quand est complètement immergé sous l'eau, vous trouvez qu'il se sent moins lourd. Comme la boule de bowling est submergé encore plus profond, est la force nécessaire pour tenir la balle de bowling la même chose?

Oui, la force flottante ne change pas avec la profondeur de l'eau, donc la force sera la même.

## 7. Stratégie de problème

Comment résoudre de simples problèmes de mouvement harmonique

Pour un ressort : si le ressort est prolongé, choisissez une direction x positive.

1. Utilisez l'équation pour un simple mouvement harmonique

$$F_x = -kx$$

2. N'utilisez pas l'équation cinématique pour une accélération constante.

3. Lorsque vous calculez les fuctions trigonométriques, assurez-vous que la calculatrice est en mode approprié (degrés ou radis)

8. Un bloc de masse de 1,8 kg est attaché à un ressort horizontal qui a une constante de force de 1,2 x 103 N/m. Le pring est comprimé à une distance de 3,0 cm, puis le bloc est libéré du repos.  voir figure.
Calculer la vitesse du bloc à x=0 cm au fur et à mesure qu'il est libéré

D'abord permet de considérer la surface est sans friction. Dans ce problème, nous devons porter une attention particulière aux unités. Remarquez que la distance est donnée en cm, mais nous en avons besoin en mètres. Nous devons nous convertir en compteurs.

Figure

Donné:

masse de bloc: 1,8 kg
k coefficient de coefficient 1,2 x $10^3$ N/m
Distance spring is compressed: 3.0 cm

Le principe est le théorème travail-énergie qui indique que le travail effectué par une force nette constante Wnet dans le déplacement d'un objet est égal au changement d'énergie cinétique de l'objet.

Wnet = Kf - Ki

Nous calculerons d'abord le travail effectué d'ici le printemps, Wressort, puis nous utiliserons ce nombre pour trouver la vitesse avec l'équation suivante:

$$W_{ressort} = \frac{1}{2}kx_m^2 \qquad W_{ressort} = \frac{1}{2}mv_f^2 - \frac{1}{2}mv_i^2$$

Opération:

Convertir la distance du printemps :

-3,0 cm - -3,0 x $10^{-2}$ m; valeur négative puisque le bloc est poussé

Utilisez l'équation Wspring pour calculer le travail effectué d'ici le printemps.

$$W_{ressort} = \frac{1}{2}kx_m^2$$

Wressort = 1/2(1.2 x $10^3$ N/m)(-3.0 x $10^{-2}$ m )$^2$= 0.54 J

L'utilisation du théorème travail-énergie donne :

$$W_{ressort} = \frac{1}{2}mv_f^2 - \frac{1}{2}mv_i^2$$

Objectif:

$W_{ressort} = 1/2(1.8 \text{ kg})V_f^2 - 0$

Remarque : Nous devons calculer la vitesse finale, étant donné la vitesse initiale à zéro.

$0.54 \text{ J} = 1/2(1.8 \text{ kg})V_f^2$

$V_f^2 = 1.08 / 1.8 \text{ kg} = 0.6 \text{ m}^2/\text{s}^2$

$V_f = 0.77 \text{ m/s}$

9. Un anneau est chauffé jusqu'à ce qu'il se dilate d'un pour cent. Le diamètre du trou augmentera-t-il ou diminuera-t-il?

Ce problème de physique ne nécessite pas de calcul. Les métaux se dilatent avec la chaleur. Le diamètre de l'anneau augmentera au fur et à mesure que vous appliquez de la chaleur.

10. Stratégie de problème

Comment résoudre les problèmes de friction.

Il existe quatre types différents de frictions : statique, cinétique, glissante et fluide. La friction statique a lieu lorsqu'il n'y a pas de roulement entre l'objet et la surface. La force de frottement statique repousse l'objet. En général, la friction statique est la force qui empêche la boîte de glisser. La friction de roulement est la force qui s'oppose à la rotation d'une motion.
Par exemple, une roue roule à une vitesse constante sur une surface horizontale n'a pas de frottement roulant, car il n'y a pas de force qui s'y oppose. la friction cinétique est une force s'opposant au mouvement d'un objet. Il s'agit d'une force qui ne dépend pas de la force horizontale appliquée, mais dépend des matériaux dont la surface est faite et de la température de la surface. La force liquide est la force opposée des liquides ou des gaz.
Steps:

1. Dessinez un diagramme avec un axe y et x, avec un axe x parallèle à la surface de contact. Dessiner une flèche signifiant la direction de la force de frottement d'une manière qui s'oppose à la force de glissement ou de mouvement.

2. Résumez toutes les forces, et résolvez pour la Force normale. S'il y a force cinétique relier la force normale et frictionnelle avec le coefficient.

3. Appliquer le forcce total à l'objet, et résoudre pour la quantité.


11. Stratégie de problème

Comment résoudre les problèmes liés aux collisions entre deux objets

Étapes:

1. Étiquetez les objets, configurez un système de coordonnées et définissez les vitesses.

2. Dans le système de coordonnées, tracez une flèche indiquant les direc tions, avant ou après l'impact. Ajoutez les valeurs de vitesse pour avoir une idée sur la vitesse de chaque élément.

3. Inclure des signes pour les vecteurs de vitesse, écrire une équation pour le système de coordonnées x et y pour l'élan de chaque objet avant ou après l'impact.

4. Résoudre.


12. Une brique de 4,0 kg est attachée à un ressort. Il oscille avec une ampli tude de 5,0 cm. Il a une période de 2,0 s.

a. Quelle est l'énergie totale?

Donné:

Amplitude: 5.0 cm
Période (T) : 2,0 s

Énergie: $E=\dfrac{1}{2}kA^2$

Force constante: $k=m\omega^2$

Fréquence angulaire : $\omega=\dfrac{2\pi}{T}$

Opération:

Convertir l'amplitude de centimètres en mètres :

5,0 cm = 0,050 m

Remplacer la force constante, et la fréquence angulaire dans l'équation de l'énergie

$$E=\dfrac{1}{2}m\left(\dfrac{2\pi}{T}\right)^2 A^2$$

$$E=\dfrac{1}{2}(4.0\,kg)\left(\dfrac{2\pi}{2.0s}\right)^2(0.050\,m)^2$$

$$4.93x10^{-2}\,J$$

Objectif:

L'énergie totale est : $\qquad 4.93x10^{-2}\,J$

# CHAPITRE 7

# LA PHYSIQUE EST TELLEMENT COMPLIQUÉE

Si vous avez des problèmes avec un cours, posez-vous deux questions : qu'est-ce que vous faites de mal?, et pourquoi pensez-vous que vous avez de la difficulté? Soyez aussi honnête que possible, essayez de trouver une solution, essayez de faire les choses un peu différemment, et essayez d'apprendre votre propre chemin. Vous trouverez la physique difficile si vous ne trouvez pas intéressant, sinon si vous aimez la physique, que vous voulez l'apprendre, et vous êtes prêt à étudier, alors vous réussirez.

Voici quelques solutions :

- Si le manuel n'explique pas clairement le matériel, essayez d'aller à votre collège ou bibliothèque locale pour trouver différents livres de physique, dans lequel vous trouverez quelques livres simples et plus faciles à comprendre que votre propre livre.

- Si vous prévoyez de garder votre propre livre, alors mettez en évidence des points importants, et écrivez vos propres commen taires dans la marge.

- Parlez à votre instructeur, il peut suggérer un tuteur, parfois un bon tuteur peut vous apprendre mieux que votre instructeur.

- Portez une attention particulière aux définitions. Utilisez un dictionnaire pour trouver un sens clair et concis des mots.

- Avant de passer un examen, révisez vos notes de conférence, reli sez le chapitre, vérifiez si vous pouvez résoudre un problème de physique sans regarder un exemple. Il est essentiel et le plus important d'apprendre à résoudre tous les problèmes montrés en classe par votre instructeur.

- Demandez l'avis d'un étudiant qui a suivi le cours.

- Les mathématiques sont l'un des outils les plus importants pour les ingénieurs, et les scientifiques, plus vous connaissez de mathématiques, mieux vous pouvez résoudre les problèmes. Vous devrez peut-être vous rafraîchir vos calculs. Lisez les mathématiques du chapitre en physique, et essayez de résoudre les problèmes de pratique.

Des stratégies et des conseils de résolution de problèmes sont inclus dans tout le manuel pour vous aider à résoudre des problèmes. Les notes de bas de page sont parfois utilisées pour compléter un exemple ou pour citer une référence à un concept, assurez-vous de lire toutes les notes de bas de page. Vous découvrirez peut-être plus tard en classe que vous ne connaissiez pas le matériel aussi bien que vous pensiez que vous l'avez fait, et il est préférable de le savoir pendant vos études que pendant l'examen. Examinez chaque jour vos notes, et les week-ends résoudre les problèmes.

## Techniques d'étude

Vous devez vous rendre compte que la raison pour laquelle il est nécessaire d'étudier est de sorte que vous apprenez le matériel. Si vous retardez ou pospone pour apprendre le matériel; il ne sera pas facile d'apprendre la plupart de celui-ci dans un court laps de temps. Certains élèves peuvent obtenir de meilleurs résultats sous la pression et doivent s'inquiéter d'une note pour commencer à étudier. Dans certains cas, il n'est pas facile de se persuader de commencer à étudier. Si vous tergiversez pour commencer à étudier ces méthodes qui pourraient fonctionner pour vous.

### Temps

La plupart des gens qui tergiversent n'ont généralement pas le sens du temps, que le temps est de leur côté, et qu'ils ont le contrôle de celui-ci. La plupart estiment qu'ils auront assez de temps pour terminer leurs devoirs ou pour étudier plus tard au cours de la journée.

## Intelligence

La plupart des gens qui tardent à étudier se sentent très intelligents qui ont la capacité de se souvenir, et d'appliquer tous les concepts et principes. La plupart ont l'impression de comprendre le matériel parce que l'instructeur a tout expliqué clairement. Il n'est pas nécessaire de consacrer plus de temps à ce qui est expliqué.

# Méthodes d'étude

1. Si vous naviguez sur Internet, et ne pouvez pas vous persuader de com mencer à étudier. Ouvrez votre livre de physique à n'importe quel chapitre, laissez le livre ouvert, et retournez les pages jusqu'à ce que vous trouviez un intérêt ou la nécessité d'étudier.

2. Il est difficile de se mettre dans une ambiance pour commencer à étudi er, dans certains cas écouter de la musique aide, jouer un film, et le laisser jouer en arrière-plan que vous vous concentrez sur la mission. Les esprits hyperactifs ont tendance à faire plusieurs choses en même temps, et semblent faire très bien sur l'apprentissage.

3. Pensez au temps qu'il vous reste pour vous rendre une affectation, un quiz, un examen de mi-mandat ou un examen final. Vous avez proba blement une semaine, un week-end ou un jour. Si vous envisagez dans une période de 24 heures. Vous aurez besoin de 8 heures de sommeil, 8 heures de travail, 3 heures à manger, 1 heure pour faire des courses, 1 heure pour faire des travaux ménagers, 1 heure pour parler à vos amis, 1 heure pour l'église, 1 heure de route du point A au point B, 1 heure pour acheter la nourriture de la maison, 1 heure pour lire les nouvelles, etc. Si vous prenez toutes ces choses en compte, vous découvrirez que vous n'avez pas vraiment assez de temps et généralement vous aurez peu de temps pour étudier, si vous trouvez le temps la plupart du temps la nuit. Chaque jour, rappelez-vous pourquoi il est nécessaire d'étudier, parce que vous n'aurez pas assez de temps pour étudier plus tard. Dites-vous : « J'ai besoin d'étudier maintenant ou je n'aurai pas assez de temps

pour étudier plus tard ».

4. Arrêtez tout ce que vous faites et réfléchissez une seconde. Considérez que le temps se déplace rapidement, les secondes se transforment rap idement en minutes, les minutes se transforment rapidement en heures, et que la journée aura un matin, un après-midi, et avant que vous remar quiez qu'il sera le soir. Soyez conscient que le temps passe vite, si vous ne trouvez pas la raison d'étudier maintenant, alors la journée se termin era, et vous n'aurez pas assez de temps pour étudier le lendemain.

5. Considérez où vous êtes maintenant, en référence au temps, pensez un instant à ce que vous voulez accomplir. Demandez-vous comment allez-vous y arriver, et ce que vous devez faire. Votre réponse mènera à "J'ai besoin d'apprendre, et d'apprendre que j'ai besoin d'étudier". Chaque personne pour devenir quelqu'un dans la vie a besoin d'étudier. Vous de vez penser à vous-même, vous ne pouvez pas continuer à tergiverser plus, et vous devez prendre des mesures maintenant.

CHAPITRE 8

# EXPÉRIENCES EN LABORATOIRE

Les lois et les théories de la physique sont testées en laboratoire. Il s'agit d'une science basée sur des observations expérimentales, et peut être la partie la plus excitante du cours. Le but du travail de laboratoire est de tester des idées, et des modèles discutés en classe ou en manuel. Dans les expériences, vous verrez la physique en action; il vous aidera à comprendre et à vous souvenir de ce dont vous avez parlé en classe. Il vous donne l'occasion de pratiquer des lois, certaines compétences dans l'utilisation d'instruments et de techniques scientifiques. Dans votre première année de physique, vous serez très probablement explorer la physique, apprendre à faire des mesures, et découvrir de nouveaux principes. Il est vrai que très probablement que vous ne fairez pas une grande découverte; la première année sera simplement une aventure d'apprentissage.

Avant d'aller dans un laboratoire de physique, étudiez le manuel de laboratoire afin de savoir ce que vous allez faire, et vous pouvez planifier à l'avance comment utiliser votre temps efficacement. Faites un effort pour apprendre autant que vous le pouvez, et tout en faisant des expériences prendre plusieurs lectures pour avoir une idée de la fiabilité de vos mesures. Faites attention aux dérivations et aux équations utilisées, tout en faisant des calculs, lorsque vous substituez des valeurs à l'équation, vous saurez pourquoi vous les utilisez.

Amusez-vous en laboratoire, gardez votre esprit ouvert, et alerte, si possible essayer les choses pas demandé dans les instructions de mettre vos propres idées à l'épreuve.

Emmenez toujours votre livre de physique au laboratoire. Prenez un carnet et un stylo en classe pour prendre des notes sur vos observations.

## Expériences mécaniques

Vous étudierez la friction, la force, l'élan, le droit de gravité, l'énergie, la vitesse, les vecteurs, l'équilibre, etc. Le but de ces expériences est de diriger votre réflexion sur la façon dont les principes de la physique fonctionnent. L'expérience de force centrifuge que vous apprendrez sur la force intérieure, et comment calculer la force dans un pneu déséquilibré voyageant à grande vitesse.

## Expériences d'électricité

Vous mesurez le courant dans un circuit, vous calculerez la résistance, puis mesurez les ohms avec un mètre volt. Dans des expériences plus avancées, vous construireez un diagramme de circuit.

## Expériences optiques

Vous apprendrez à calculer la longueur focale. Vous comparerez la longueur focale avec la valeur expérimentale trouvée en classe, et avec la valeur calculée à l'aide de formules.

Posez-vous ces questions:

- Quel est le but de cette expérience?

- Pourquoi le faisons-nous de cette façon?

- Qu'est-ce que cette mesure montre ou prouve?

- Ai-je toutes les mesures dont j'ai besoin pour terminer mon ex périence?

# Rédaction de rapports de laboratoire

Le but de chaque expérience est de faire comprendre à l'élève que le travail de laboratoire a des applications à l'extérieur du laboratoire. Un étudiant doit rédiger un rapport pour montrer à l'instructeur qu'il comprend comment fonctionne la physique. La rédaction d'un rapport scientifique est l'outil le plus important de tous les scientifiques et ingénieurs. Le rapport de laboratoire enseigne à un étudiant à mettre ses pensées par écrit, parce qu'il prend l'esprit le pouvoir de transférer des pensées dans le papier. Le rapport doit être clair, son but est de transmettre des informations aux lecteurs plutôt que de les intriguer. Chaque scientifique doit apprendre la capacité de s'exprimer clairement. Soyez précis et concis dans l'écriture d'expériences de laboratoire. Lors de la rédaction d'un rapport de laboratoire expliquer les expériences avec des mots simples, n'essayez pas d'impressionner l'instructeur, et devrait être facile à lire.

# COMMENT PASSER DES EXAMENS

Si vous avez étudié attentivement, et vraiment savoir ce que vous avez étudié, alors vous êtes très probablement prêt pour l'examen. Si vous avez étudié tous les jours, alors vous n'avez rien à craindre. Rappelez-vous qu'il n'y a pas de technique pour passer des examens, et des instructions systématiques que vous pouvez suivre.

Le jour de l'examen se lever tôt afin que vous puissiez prendre une longue douche, prendre votre temps manger un petit déjeuner sain, et conduire ou marcher au bon rythme à l'examen. Arrivez tôt si possible, asseyez-vous calmement, obtenez votre crayon, papier, calculatrice, verres (si vous en avez besoin), notes et gomme à effacer prêt.

## Passer un Examen

1. Lisez attentivement les questions. Écrivez votre nom et da tez à l'examen. Découvrez exactement ce que chaque problème est d'environ. Vérifiez le nombre de questions aux quelles il faut répondre. Traversez rapidement l'examen pour savoir à quoi vous attendre. Ne vous précipitez pas; travailler à un rythme pratique, mais sans perdre de temps.

2. Répondez d'abord aux questions sur lesquelles vous con naissez le plus. Si vous pensez que vous pourriez manquer de temps, assurez-vous que vous avez répondu à la facilité. Ne perdez pas de temps sur les problèmes difficiles. Ne vous inquiétez pas de la façon dont vous allez. Ne pas passer trop de temps sur une seule question.

3. Ne faites pas attention aux autres. Budget de votre temps.

4. Notez le travail complet requis sur la feuille de réponse dans

l'ordre, nettoyer et étiqueter vos réponses, si possible. N'ef facez rien si vous avez des doutes, ne laissez pas de ques tions vides, vous pourriez obtenir un crédit partiel pour essayer ou pourrait avoir raison après tout.

5.    Vérifiez votre travail, et n'oubliez pas de poser les unités. La capacité de suivre les instructions compte beaucoup dans un examen. Ne devinez pas vos réponses si vous avez des doutes.

6.    Dix minutes avant la fin de l'examen, prenez environ une minute pour vérifier votre travail pour vous assurer que vous n'avez pas fait d'erreurs majeures. Ne laissez aucune question sans réponse; écrire le meilleur que vous connais sez.

Posez-vous ces questions avant de soumettre votre examen

- Ai-je entièrement répondu à toutes les questions?

- Dois-je convertir des unités?

- Est-ce que je me sens bien dans les réponses?

- J'oublie de faire quoi que ce soit ?

- Suis-je prêt à soumettre l'examen?

La plupart des instructeurs n'ont pas l'intention d'échouer les élèves; ils veulent en fait que les étudiants réussissent bien aux examens. Les instructeurs préparent des examens afin que les élèves ordinaires et prudents puissent les réussir. Une fois que les documents d'examen vous ont été retournés, assurez-vous d'examiner les points que vous avez manqués. Si vous avez été mal classé, alors vous devez vous asseoir et comprendre ce que vous avez fait de mal. Apprenez de vos erreurs et promettez-vous que vous ferez mieux lors du prochain examen. Si vous avez fait un excellent, bon travail, vous avez appris vous-même à étudier la physique, développé un système organisé pour examiner les problèmes, et extraire des informations perti- nentes. Vous deviendrez un résolveur de problèmes plus confiant.

Cette page intentionnellement laissée vide

Cette page intentionnellement laissée vide

# APPENDICE

## Constantes

Accélération de la gravité à la surface de la Terre   $9.81 \ m/s^2 = 32 \ pi/s^2$

Vitesse de la lumière                              $2.997,924.58 \ x \ 10^8 \ m/s$

Numéro d'Avogadro                          $6.022 \ 1415 \ x10^{23}$ particules/mol

Vitesse du son                                              $331 \ m/s$

Densité de l'air                                          $1.217 \ kg/m^3$

Vitesse d'échappement                          $1.12 \ x \ 10^4 \ m/s; \ 6.95 \ mi/s$

Masse de la Terre                                        $5.97 \ x \ 10^{24} \ kg$

Rayon de la Terre                                    $6.37 \ x \ 10^6 \ m; \ 3960 \ mi$

Constante solaire                                          $1.37 \ kW/m^2$

Température standard                              $273.15 \ K \ (0.00°C)$

Pression standard                              $101.325 \ kPa \ (1.00 \ atm)$

Charge fondamentale                          $1.602 \ 176 \ 453 \ x \ 10^{-19} \ C$

Masse d'électrons                              $9.109 \ 382 \ 6 \ x \ 10^{-31} \ kg$

Constante de Planck                              $6.626 \ 0693 \ x \ 10^{-34} \ J \ s$

Masse de proton                              $1.672 \ 621 \ 71 \ x \ 10^{-27} \ kg$

# Facteurs de conversion

Longueur

$1\ m = 39.37$ pouces $= 3.281$ pieds $= 1.094$ yd
$1\ m = 10^{15}$ fm $= 10^{10}$ Å $= 10^{9}$ nm
$1\ km = 0.6214$ mi
$1\ mi = 5280$ pieds $= 1.609$ km
$1$ lightyear $= 9.461 \times 10^{15}$ m
$1$ po. $= 2.540$ cm

Temps

$1$ heure $= 3600$ secondes
$1$ Année $= 365.24$ jours $= 3.156 \times 10^{7}$ s

Masse

$1$ tonne $= 10^{3}$ kg $= 1 Mg$
$1$ slug $= 14.59$ kg
$1$ kg $= 2.21$ livre

Volume

$1$ Litre $= 1000\ cm^{3} = 10^{-3}$ m3
$1$ gal $= 3.785$ L

Unités SI

| | | |
|---|---|---|
| Longueur | Mètre | m |
| Masse | Kilogramme | kg |
| Temps | Secondes | s |
| Courant électrique | Ampere | A |
| Température | Kelvin | K |
| Quantité de substance | Mole | mol |
| Luminous intensité | Candela | cd |

Cette page intentionnellement laissée vide

Cette page intentionnellement laissée vide

# BIBLIOGRAPHIE


Simon, H. A.,& Newell, A. Human problem solving, American Psychologist, 1971

Polya, G., How to solve it, Garden City, N.Y.: Doubleday & Company, 1957

Wickelsgren, Wayne, How to Solve Problems, San Francisco, CA,: W. H. Freeman and Company, 1938

Serway, Raymond A., Physics: for Scientists & Engineers, 4th Edition, James Madison University, Saunders College Publishing, 1996, 1990, 1986, 1982

Leighton, Walter, A First Course in Ordinary Differential Equations, University of Missouri, Wadsworth Publishing Company, Inc. Belmont, CA, 1976

Snell, T. Cornelia, Snell, Foster Dee, Ph. D., Chemistry Made Easy: Volume one, The theory of inorganic chemistry, Van Nostrad Company, NY, 1943

Belvoir, Fort.,How to study and take examinations, US Army Engineer Training Brigade, US Army Engineer School, 1984

Chapman, Seville., How to Study Physics, Addison-wesley press, Cambridge, Mass., 1949

Mann, Charles Riborg, The teaching of physics for purposes of general education, The Macmillan company, NY., 1917

Chessin, P. L., Problem for solution: American Mathematical Monthly, 1954

Giancoli, Douglas C., Physics: Principles with Applications, fifth edition, Prentice Hall, Upper Saddle River, New Jersey 07458, 1998, 1995, 1991, 1985, 1980

COMMENT ÉTUDIER LA PHYSIQUE